誰もが望むのは
平和なエネルギーを
つくり出すこと
田んぼの上空に
その答えはありました

福永博建築研究所

田んぼの発電所

海鳥社

平和のために

ある日のことでした。
小学6年生になるハル君は、いつも忙しく働いている
おじいちゃんに尋ねました。

「今どんなお仕事をしているの？」

おじいちゃんは若い頃から、ずっと建築設計の仕事をしてきました。
けれど、最近は、何か心配事でもある様子で、
毎日、朝早くからじっと考え込んで仕事をしていました。
ハル君はそのことに気づいていました。
お仕事のことを聞いてみたのも、
おじいちゃんが今考えていることを知りたかったからです。
おじいちゃんは真剣な顔で、ハル君に向かって話し始めました。

「これはハル君のように、これから未来を背負っていく
子供たちにとって、とても大切なことなんだ。
東北にコンテナのお風呂を届けて以来、万一に備えることと、
武力を使わせない、平和を守ることの大切さを考えているんだ」

東日本大震災とコンテナ風呂

福永博建築研究所では、平成23年の東日本大震災で被災された方々に、何が一番喜んでいただけるかと考えました。そして、ゆっくりとくつろいで入浴し、心身ともに温まっていただけるように、プライバシーにも配慮したコンテナ式入浴施設を、宮城県東松島市の「小野市民センター」に設置し、同市に寄贈しました。現在はボランティアの方々に使っていただいています。

佐賀市三瀬の田園風景

著者と孫の温史（はるひと）君

福永博建築研究所代表。建築家。

１９４５年、福岡市生まれ。

事務所を設立してから30年以上経っています。①歴史や文化・伝統から学び継承しながら、②社会・地域に必要なことを考え、③住む人・使う人の立場に立った「建築と街づくり」を実践してきました。また、超長期耐久マンション「３００年住宅のつくり方」を研究テーマとして、今までに6棟の建物をつくり実証しています。

油の一滴は、血の一滴

「おじいちゃんがハル君くらいの歳の頃に、おじいちゃんの
おとうさんから、よくいわれたことがあったんだ。
『油の一滴は、血の一滴』という怖い話だよ。

昔、発電の燃料になる黒い石炭は日本でもたくさんとれたけど、
今では石炭は採掘していない。
今も昔も、石油はとれないので輸入に頼っている。

何かの紛争でタンカーの航路が封鎖されたりすれば、
石油が入ってこなくなって、停電するし、車も動かない。
産業には大きな被害が出てしまう。

第2次世界大戦の時の日本とアメリカのように、
石油が原因で、戦争が起きるかもしれない。
石油のほとんどをアメリカに頼っていたから、
石油の輸入を止められてしまうと、どうしようもなかった。
その上、経済封鎖されたことがきっかけで、
戦争が起きたんだよ！

太陽光パネルを下ろした状態

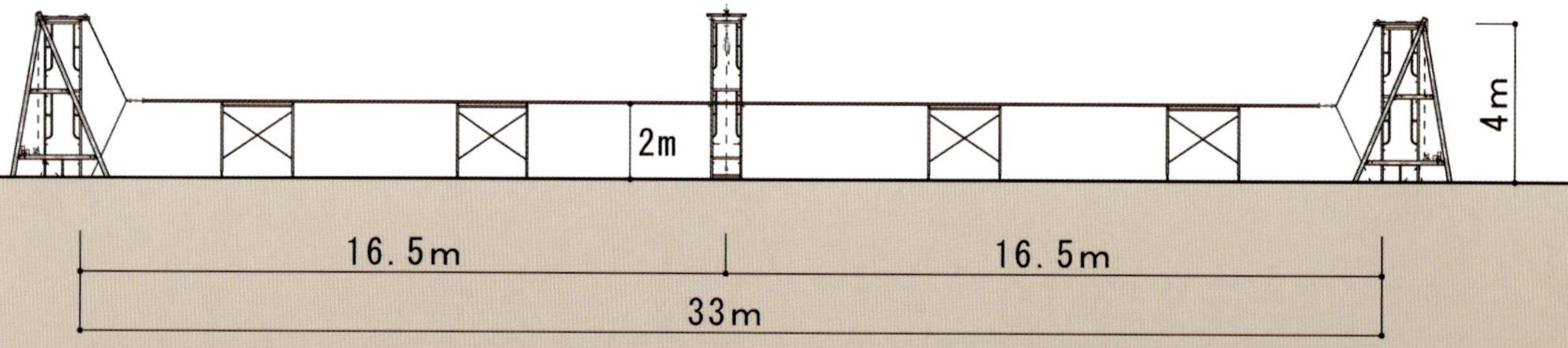

心配なのは、石油の奪い合いで戦争が起きて、
タンカーの海上輸送路が機雷で封鎖され、その封鎖を除くために、
日本が戦争に巻き込まれるんじゃないかということなんだ。
争いを未然に防ぐためには、日本の中で自然エネルギーをつくり、
発電のために石油や天然ガスに頼らなくてもいいように、
備えておかなければならない。
石油の代わりになるエネルギーを、
自前でつくれないかと考えていたんだよ」

ハル君は不安な気持ちになりました。

すると、おじいちゃんは、にっこり笑って言いました。

「それを解決する設計図がこれだよ」

おじいちゃんが見せてくれたのは、
一対の鉄塔の間に2本のワイヤーを渡して、
その上に、間を空けて何枚かのパネルを置いた絵でした。

小学校の運動場にある、雲梯《うんてい》に似ていました。

太陽光パネルを上げた状態

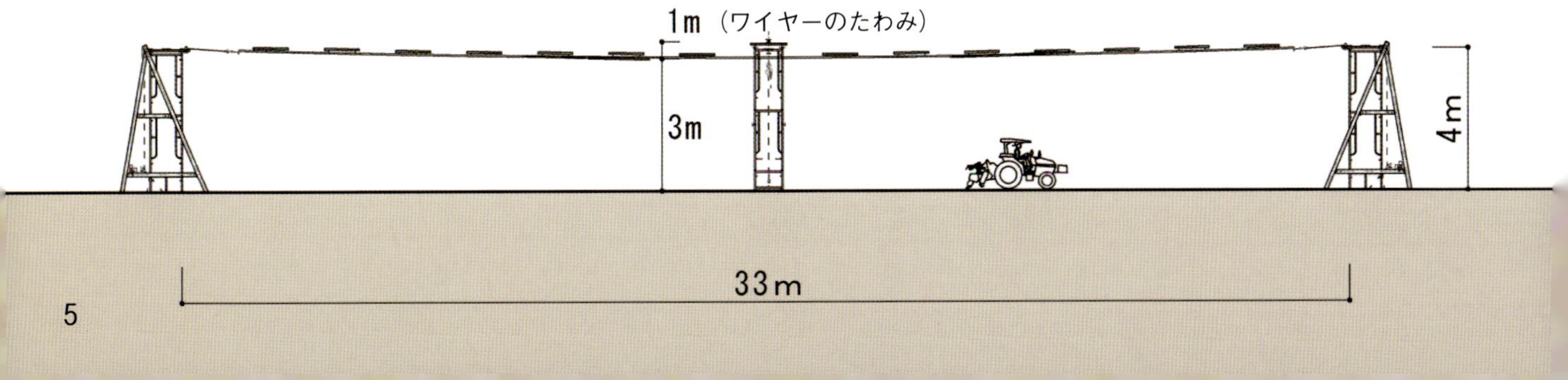

けやき通りで学んだこと

ハル君は、おじいちゃんの事務所がある「けやき通り」が大好きです。
この通りに入ると、街路樹やお店がとても美しく、
落ち葉の掃除をしている人も、
楽しそうにほうきを動かしています。
住んでいる人は、この街が大好きなのだと、
ハル君は思いました。

「今日はけやき通りのことを話そうか。
これは、ハル君が生まれるずっと前のことだよ」

けやき通りは「国体道路」と呼ばれている道路の一部分です。
けれど、最初は、けやきの並木が続く、広くて地味な
どこにでもあるような通りでした。

住宅会社から事務所に、けやき通りの真ん中に
建物を建てる計画が持ち込まれました。
おじいちゃんが若かった頃のことです。

「国体道路」と「けやき通り」

昭和23年、戦後復興の一環として、第3回国民体育大会が福岡市で開催され、福岡城址の南側を東西に走る道路が整備されました。これが通称「国体道路」です。

昭和32年から実施された市街地緑化運動3年計画により、国体道路の警固交差点から六本松間に設けられた緑地帯にけやきやかえでなどが植樹され、後に約100本のけやきに統一されました。「けやき通り」は、このうち警固交差点からNHK福岡放送局までの800mの区間です。

ある日、おじいちゃんは、
マンションのお客様と会うことになりました。

笑顔で見せられたのは、
『旅の絵本』でした。

一人の旅人が、ヨーロッパの街々を巡って、
その風景を描いたスケッチでした。

この「文字のない絵本」で、
通りのイメージができ上がりました。

言葉がなくても、通りから、
人々の声や生活の音が、
聞こえるようでした。

「『旅の絵本』のような通りにしよう！」

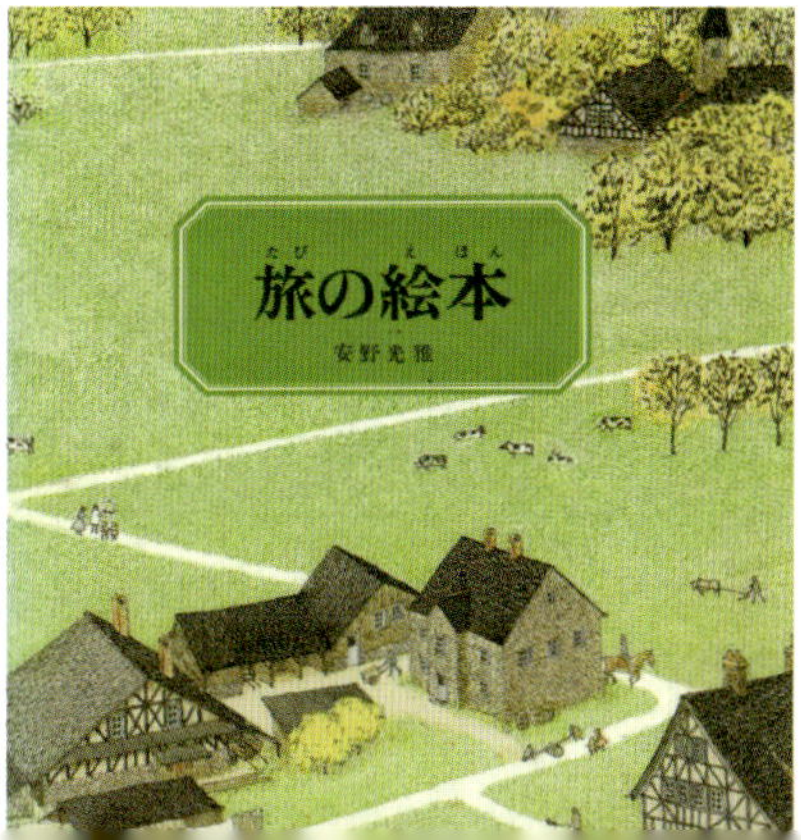

安野光雅『旅の絵本』（福音館書店刊）

この本は、一人の旅人が、ヨーロッパを旅し、牧歌的な風景の残る田園や煉瓦づくりの街並みをスケッチして、絵本としてまとめたものです。

この絵本には、文章による説明が一切ありません。幼い子供に絵を見せながら、父母が想像力を働かせて、自由に物語を語って聞かせる——文字のない絵本は、そんな優しい時間をつくってくれます。

街づくりルール

誰もがわかりやすい、協力しやすい街づくりのルールができました。

それは、次のようなルールです。

(1) 色をそろえる。
(2) 建物を歩道から奥にしりぞけて、オープンなスペースをつくる。
(3) 塀をつくらない。
(4) 向こうが見えるシャッターをつくる。
(5) 樹を植える。

法律では求められてはいませんが、誰でも参加しやすいルールを大切にすることで、一人ではできないことをみんなで協力し合って続けることができています。

国とボランティア契約を結び、街づくり運動となっていきました。

けやき通りでは、建物のオーナー、地主、そこに住む人、店を営む人たちが、本当に居心地の良い、美しい街をつくるという思いで合意し、個人の意思を尊重しながら結束して活動しています。

シャトレけやき通り（西側から）

けやき通りのほぼ中心に位置する「シャトレけやき通り」と「シャトレ赤坂」は、福岡の真砂土（まさつち）の色であるベージュ色の煉瓦タイルを外壁に使っています。この2つのマンションは、昭和62年、第1回福岡市都市景観賞を授賞しました。

平和への願い　諸《しょ》葛《かつ》菜《さい》の花

新しく建物をつくるデベロッパーたちにも、
古くからの住人たちの意図をまとめて伝えて交渉することで、
新築の建物も、従来の建物と共通のルールのもと、
個性を活かしながら、街並みに調和していきました。
30年経ち、けやき通りの建物の外壁の4割がベージュ色にまとまりました。
こうした運動が社会的に評価され、けやき通りは
第11回福岡市都市景観賞の特別表彰を受けました。

「けやき通りは、住んでいるみんなが育てつくり上げていく街だよ。
話し合いが大事なんだ。そして、これからもずっとそうだよ」

街のためになる、説得力のある実例をつくり、
話し合いを積み重ねていくことの大切さを、
けやき通りで学びました。

そして、けやき通りには、平和を願って、
「けやき通りの花咲爺さん」の手で育てられた
諸葛菜の花が、毎年咲いています。

けやき通りの花咲爺さん

昭和14年当時、南京に従軍していた医師の山口誠太郎氏が、現地に咲いていた諸葛菜の種を持ち帰り、平和への祈りを込めて、各地に配りました。その種が、「けやき通りの花咲爺さん」こと酒匂俊憲（さこうとしのり）さんの手で花を咲かせているのです。

諸葛菜（しょかつさい）

アブラナ科一年草の園芸植物。高さ10㎝から50㎝。中国原産。『三国志』の諸葛孔明が食用にするために広めたとされ、諸葛菜と名づけられました。日本では俗に「ハナダイコン」と呼ばれます。

シルバータウンから「田んぼの発電所」へ

「おじいちゃんの2つめの研究は『シルバータウン』だよ。
年をとったら、4時間働いて、あとは学んで、遊んでという
「働・学・遊」が理想の生活になる。
それを現実のものとするための街を、福岡の郊外につくったんだ。
朝倉市甘木にある『美奈宜《みなぎ》の杜《もり》』だよ。

自然の中で健康的に暮らすことで、
できるだけケアを受けないことを目指す
街づくりをしている。

街のゴルフ場で、毎日好きな遊びができる街だよ。
4時間の仕事をすれば、体に良いので健康に暮らせる。
冬の間、使わない田んぼを利用して
電気をつくる仕事をすれば、収入を得ることができる。

『風流暮らし』（海鳥社刊）
著者は佐賀市三瀬の山荘で8年間、週末を過ごしています。そこでの生活を、山村の四季折々の写真とともにエッセイとして綴りました。人が訪れる家には幸せな暮らしがあります。著者の週末の生活は、退職後の高齢者の理想の生活を体現していると言えます。

「美奈宜の杜」の全景

美奈宜の杜

福岡県朝倉市甘木に、著者の企画・設計によって開発された1000戸のシルバータウンです。退職した高齢者のために、「働・学・遊」のバランスのとれた生活ができるように配慮されています。1戸当たりの敷地面積が広く、温泉施設やゴルフ場も街の中にあります。現在、550名を超える定住者と、100戸を超えるセカンドハウスの利用者が、ここでの生活を楽しんでいます。

小泉発言で一変

そうすると、自然の中に住むことが好きな人は、街から、
健康に良く、経済的に心配のない暮らしが営《いとな》める
田舎へと、移り住む。
そこで、半年お米をつくって、
もう半年で電気をつくる。

この『米と発電の二毛作』は
初めは、シルバータウンに
住む人たちの収入を得る方法として
考えていたんだが、
ノルウェーの
核のゴミ処分場の視察から
帰った小泉さんの
『もう原発はやめよう!』の一言に、
おじいちゃんの考えが一変したんだ」
この時から、おじいちゃんの最大の目的は
「代替エネルギーをつくる」になったのです。

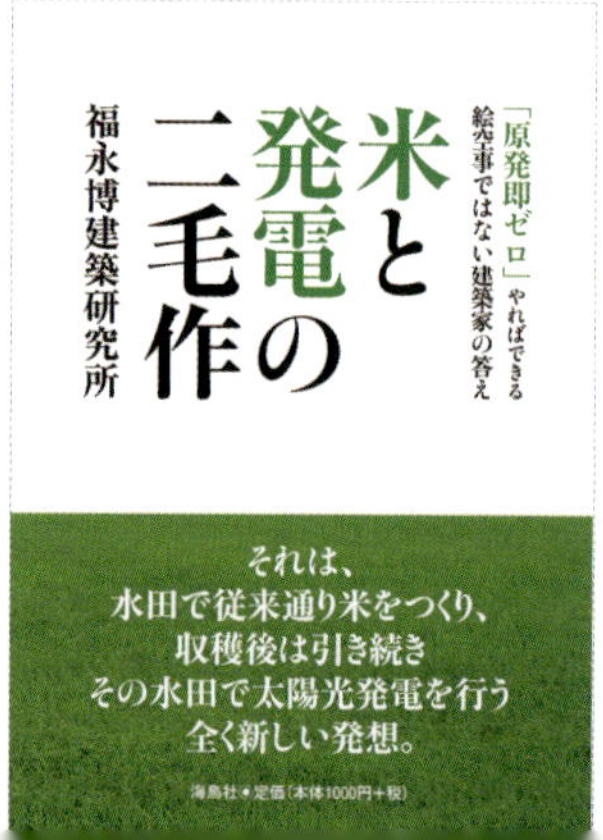

『米と発電の二毛作』(海鳥社刊)

福永博建築研究所が、小泉純一郎元総理の「脱原発」発言への答えとして平成25年に出版した、太陽光発電に関する提言書です。

小泉元首相の「脱原発」発言

小泉純一郎元首相は、平成25年11月12日の日本記者クラブでの会見で、「私は、今、政府・自民党が『原発をゼロにする』という方針を打ち出すべきだと主張している。そうすれば、原発に依存しない、自然を資源にした『循環型社会』の実現へ、国民が結束できるのではないか。原発の代替策は、知恵のある人が必ず出してくれる」と述べています。

田んぼの上空で電気をつくるための条件は、

(1) お米がつくれること
(2) 農作業に影響がないこと
(3) 台風に耐える架台
(4) 設置費が採算に合うこと

の4点です。

この条件を満たす、上下に可動する架台は、今までありませんでした。

太陽光パネルを、田んぼの上空に、お米づくりに支障がないように日影を計算して配置しました。

お米をつくりながら、発電をする仕組みを具体的につくり、「こうすればできる」と証明します。

目に見える形の具体例を示すことで、誰にでも理解できるようになります。

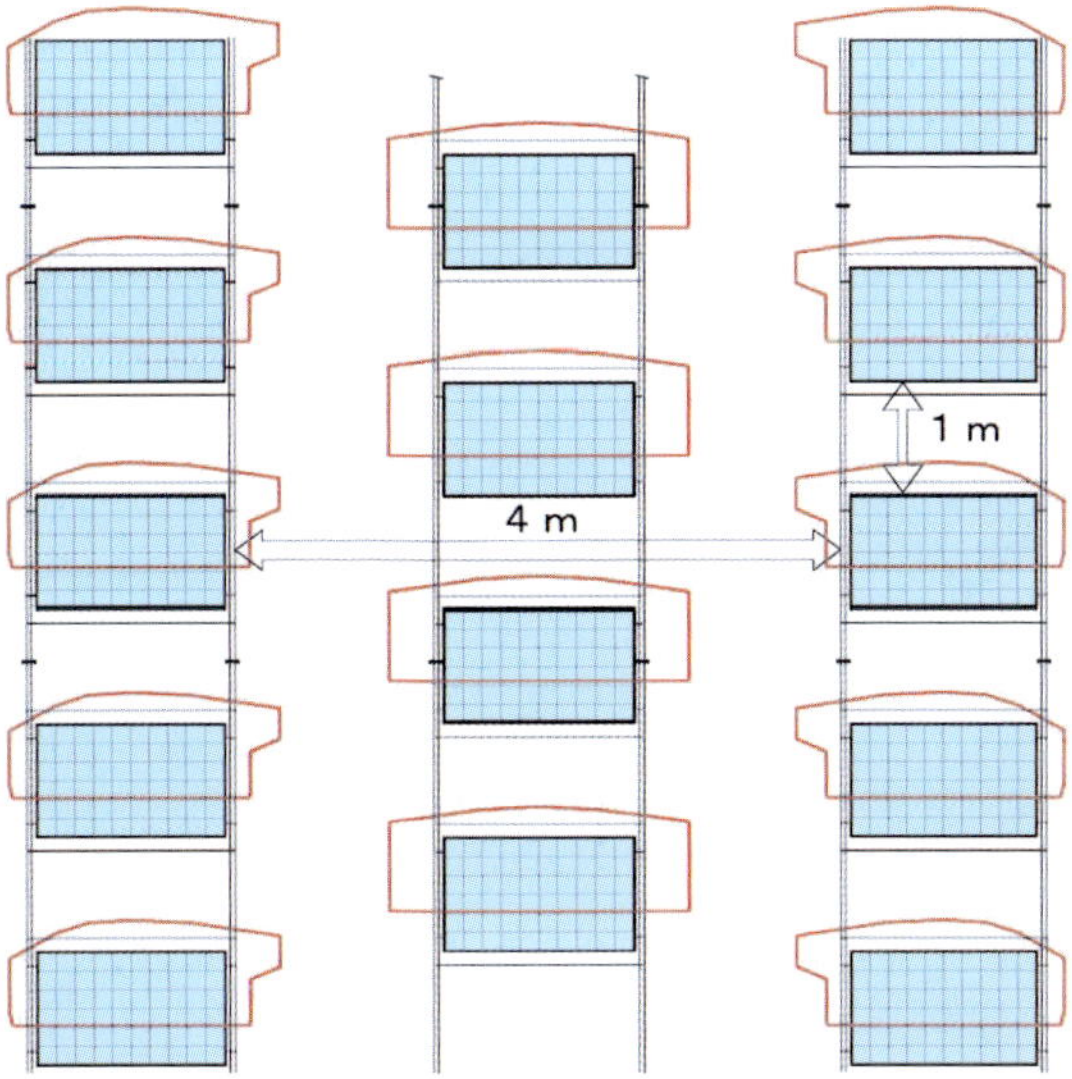

＊赤枠は3.5時間の複合日影

影をつくらないパネル配置

まず、列の前後の間隔を1m、左右を4m開け、パネルを千鳥格子状に配置します。1つの場所に2つ以上の物の影が重なってできることを複合日影（陰）と言いますが、このようにパネルを配置すると、複合日影の範囲が最小限の3・5時間にとどまり、田んぼの稲は、より多くの日照を得ることができます。また、パネルを2m浮かすことで、パネルの真下部でも日照を得ることができます。

台風に耐える架台

架台の強度に関しては、現地に設置する前に工場内で荷重と上下移動の繰り返し実験を行いました。また、一般財団法人建材試験センターによって、平均秒速34m（最大秒速64m）の台風並みの風の荷重実験を行いました。

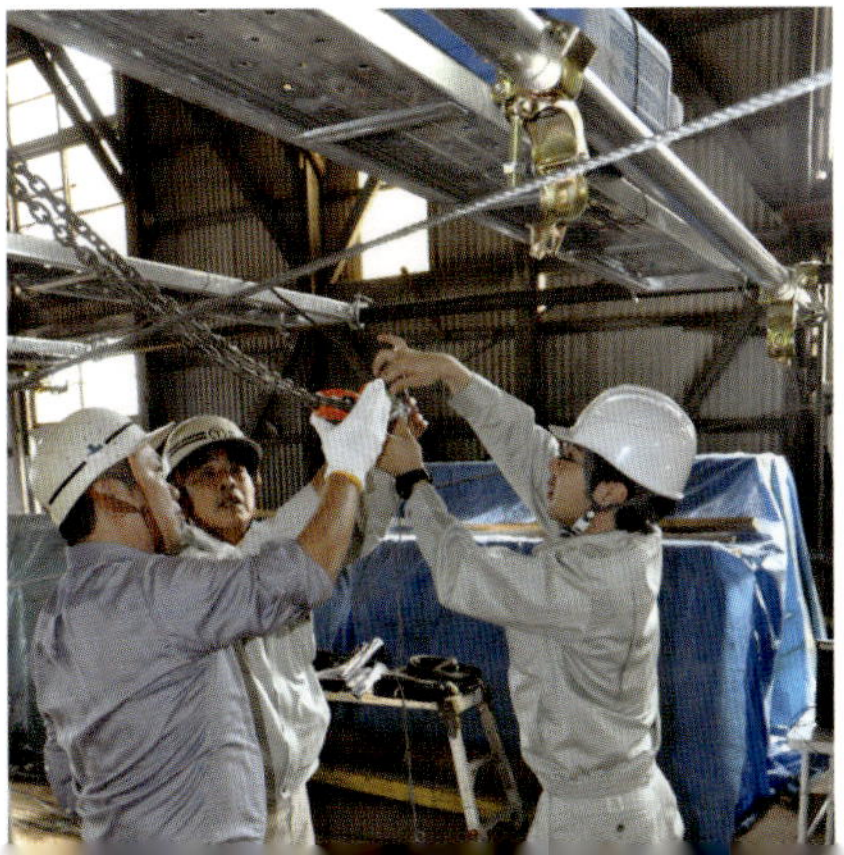

田んぼで発電

ハル君は尋ねました。

「電気をつくるって、どうやってつくるの？」

「週末に、佐賀の三瀬に行くよね。
冬になると田んぼは何もない空き地みたいになる。
でも、田んぼは空き地ではないから、他のことには簡単に使えない。
そこで、田んぼの2ｍ上空に、このあいだ見せた絵のとおりに
ワイヤーを張って、その上に太陽光パネルを載せることを考えたんだ。
ワイヤーの距離は、20ｍでも、30ｍでも、50ｍでもできる。
太陽光パネルは知っているだろう？
それを田んぼの上空に置くんだよ。

1年に5回くらい ― 田起こし、あらかき、しろかき、田植え、
稲刈りなどの農作業の時に耕耘機《こううんき》やトラクターを使えるように、
ワイヤーの高さを3ｍまで
持ち上げることができるようになっているんだよ。
この高さで、田んぼの端から端まで農作業を
じゃましないようにしている発明だよ」

農作業

❶田起こし
4月の半ばに、田に水を入れず、耕耘機で土を耕すことを「田起こし」と言います。田の土を砕き、緑肥などを鋤き込みます。

❷あらかき（荒掻き）
4月の下旬に、田んぼに水を入れて耕耘機で耕すことを「あらかき」と言います。

❸しろかき（代掻き）
「あらかき」の後、土をさらに細かくすることを「しろかき」と言います。田植えの3～4日前（4月末日頃）に行います。

＊「田起こし」「あらかき」「しろかき」「田植え」の間、太陽光パネルは3ｍの高さに上がっています。「田植え」が終わると、パネルを下げ、台風に備えます。

稲刈り後の田んぼを走るトラクター（CG 合成写真）

❹田植え

＊パネルを3ｍ上空に上げた状態で、その下を田植機が支障なく作業のために動いています。架台の周囲は手植えです。

❺稲刈り

＊秋の「稲刈り」の時は、また3ｍに上げます。これを繰り返します。

稲に影響のないパネルの並べ方

「田んぼの上にパネルを置くと、影ができるんじゃない？
学校で光合成のことは習ったよ。
稲がちゃんと育つの？」

「よく気がついたね。
調べてみると、
稲は平均気温24度で、
1日5時間の日照があれば、ちゃんと育つんだ。
特に、田植えをして、花が咲いてからの1カ月が一番大切で、
9時間以上の日照が必要なんだ。

だから、田んぼの上空のパネルの置き方を工夫して、
影ができる時間を3時間半と少なくして、
ちゃんと稲が育つように、
間をあけてつくっているんだ。
そして、稲の収穫や実の出来具合に影響がないということを
九州大学の先生に頼んで、確認してもらうんだよ」

今までの稲作と日照の研究

①福岡県農業総合試験場の原田皓二と鐘江寛は、「構築物の日陰による日照時間の減少が水稲の生育に及ぼす影響」（『日作九支報』49、昭和57年）の中で、八女市の試験圃場での実験の結果、出穂30日前から成熟期までに、1日平均約9時間の日照が必要であると述べています。

②石川県農業総合研究センターの梅本英之・宮川修・島田義明・塩口直樹は、気象条件と稲の収穫量の関係についての実験を行い、「有機物連用圃場における水稲の収量変動要因の解析」（『石川県農業総合研究センター研究報告』22、平成11年）の中で、1日5時間の日照があれば、光合成に支障はないという結論を出しています。

現在の計測状況

想定した、1日当たりの複合日影3時間半に対し、気象観測機器と日射計・日照計合わせて5台を、パネルの直下と中間部分の地上1mの所に設置し、記録しています。日照量と照度の1日の変化を毎日記録して、解析を行っています。さらに、風力・温度・湿度・気圧などを記録し、天候とパネルの日影による稲の生育への影響を検証しています。

２ｍの高さで発電中（CG 合成写真）

三瀬の田んぼで実際に、地上から２ｍまでパネルを下げた状態。

目標は総発電量の2割

「それで、どれくらいの電気ができるの?」

「1年間、お米をつくりながら発電をすれば、
今、日本で使っている電気の2割分がつくれるんだ」

「日本中の田んぼを全部使うの?」

「いや、そんなには必要ないよ。日本中の田んぼの3割くらいで補《おぎな》える、
田んぼの大きな改革なんだ。明治には地租改正で農民が土地を持ち、
税を払う仕組みをつくり、昭和には農地改革で農地の移動が行われているんだ。
2つの改革で国が豊かになり、そして昭和の農地改革で
『団塊の世代』と呼ばれる子供たちがたくさん生まれた」

「農家の人が、そんなことしたくないって言ったら?
だってお米をつくるのが農家の仕事でしょ?」

「今、お米をつくるのは大変な仕事なのに、収入が安定しないから
若い人たちが後を継ぎたがらないんだ。
三瀬で農業をやっている人たちは、お年寄りが多いのを知ってるだろう?」

明治の地租改正

明治4年、廃藩置県が行われ、藩主に替えて、新政府が任命した県令に治めさせ、中央集権化を進めました。

これを基礎として、明治6年に地租改正が行われ、土地に賦課(ふか)をして、一定額を、土地所有者から金納の形で徴収する税制を導入しました。これによって、民間人による「土地の所有」が始まりました。明治10年、地租は2・5%となりました。これにより明治政府は財政の安定化を図り、徴兵制とともに富国強兵政策を進める基礎が築かれました。

三瀬の風景

昭和の農地改革

第2次世界大戦で日本は敗戦し、GHQが占領政策として日本の民主化を進め、その一環として、昭和20年、日本政府に小作農の解放を指示しました。同21年、第2次農地改革法が成立しました。その内容は、

①不在地主（農地のある市町村に住んでいない地主）の小作地

②在村地主の1町歩以上の小作地（北海道は4町歩以上）

③合計が3町歩（北海道では12町歩）以上の所有地

を政府が強制的に買い取り、事実上の耕作者である小作農に売り渡しました。農地の買収・譲渡は同25年までにほぼ終わり、約193万町歩の農地が、延べ237万人の地主から、延べ475万人の小作農に売却されました。農地が移動し、小作農は自営農に変わりました。

農家の収入

「農家はどれくらいの収入になるの?」

「5反の田んぼで、250kWを発電すれば、年800万円くらいの収入になる――これが目標だよ。農業の収入と合わせれば、1000万円以上になる。それくらいの収入があれば、若い人たちも農業に魅力を感じ、後を継げるからね。農業に携わる人たちが、他の仕事をせずに農業に専念できるから、若い人たちが安心して後を継いで、子供をつくることができる。そんな国になれば、人口も増えて未来も明るくなる」

「発電の設備はどうするの?
お金がないのに、どうやって買うの?」

「約5反の広い田んぼを使うとしたら、
最初に8000万円ほど投資しなければならない。
とても手が出ない大金なので、まずは50kW分の1600万円を投資して、
少しずつ増やしていけばいい。
一軒ずつの農家ではなく、農業全体に投資をするんだ。

農家の年収

農家(ここでは主に米作農家)の年収は、5反の田んぼを所有している場合、1反当たり600kgの収量があると仮定して、JAの買取価格をもとに計算すると82万5000円となります。発電による収入は、同じ5反当たりで800万円ですから、10倍になります。

建設国債と赤字国債

財政法第4条第1項の但し書きとして、公共事業費、出資金及び貸付金の財源については、例外的に国債発行又は借入金により調達することを認めています。この国債が「建設国債」と呼ばれています。建設国債は、国の赤字を補填するために発行される国債と異なり、公共事業の収益によって60年で償還され、国の借金とはなりません。

国が建設国債を発行してお金をつくり、ＪＡや銀行に貸し付けて、
そこから農家が資金を借りるんだ。
建設国債は、20年かけて返すお金だから、
貸し付けたお金は国に戻り、国の借金にはならないんだ」

「農家の人が返すの？」

「ちゃんと返せるだけのお金が入ってくるようにするんだ。
電力会社に、火力や原子力の発電でできた電気より
高く買ってもらえるように、差額を国が援助すれば、
電気を使う人が払う料金も今まで通りで、高くならないよ。
その差は、1kWh当たり10円が国の負担になる。総額で約2兆円になる。

今、火力発電の割合が増えたせいで石油をたくさん買うようになって、
そのために、ずっと黒字だった貿易収支が5兆から10兆円の赤字になっている。
その赤字の分を財源にして農家に発電を頼み、
できた電気を買い取った方が国にとって経済になる。
こちらを選んだ方が、みんなのために良いと思う。
田んぼで電気づくりが進めば、
その分、外国から石油を買う量が少なくなっていくからだ。
10年経てば、今増えてしまった分がゼロになるんだよ」

平成の農地改革

現在日本の農業は後継者不足が深刻な問題です。放棄され、荒廃した農地も増えています。現在では、戦後の農地改革当時600万町歩あった農地のうち、旧小作農に解放された面積を上回る230万町歩が消滅しています。

新たな農地改革が必要になっています。その目的は、農業と発電（太陽光の利用）の両立により、農家の生活を安定させ、以て、農地を荒廃から守り保全することにあります。

送電は自然エネルギー優先に変える

「電力会社が電気を買わないって、ニュースで言ってたよ。
それはどうなるの？」

「送電の仕組みを変えればいいんだ。
ヨーロッパでは、発電と送電の会社が別になっているんだ。
そして、送電に天候の影響が出ないように、
天気予報を利用して自然エネルギーの発電量を予測する。

自然エネルギーでつくった電気を先に送電して
それから、火力発電・原子力発電の順番に送電するんだ。
停電にならないように、予備電源をあらかじめ発電しておき、
天気予報が間違ったら、
その予備電源に5秒で切り替わる仕組みになっている。

日本の天気予報の正確さは、世界的にも高い水準にあることは
知っているよね。
ヨーロッパのようなやり方は、日本でもできるようになる。
外国の石油ばかりに頼っていると、日本は自立した国になれない。
石油を止めるぞ、と脅されないようにしないとね」

© Masako Konishi / WWF Japan

スペインREE社の再エネ制御センター

モニター画面には、スペイン全土の風力や太陽光の発電状況、電力需要、CO_2の排出状況などが刻一刻とライブで映し出されています。このデータをもとに再生可能エネルギーを優先して送電し、必要に応じて、他の調整用発電所（揚水式発電所、火力発電所など）からの送電が行われています。

＊右の写真は、WWFジャパンに提供していただきました。WWFは100カ国以上で活動している環境保全団体です。地球上の生物多様性を守り、人の暮らしが自然環境や野生生物に与える負荷を小さくすることによって、人と自然が調和して生きられる未来を目指しています。 www.wwf.or.jp

「知ってるよ、前に聞いたよ。
『油の一滴は、血の一滴』
石油の取り合いで、戦争になっちゃう」

「それだけじゃないよ。
石油や石炭は、化石燃料というんだけど、
これには炭化水素が含まれていて、
燃やすと二酸化炭素がたくさん出るんだ。
地球温暖化や、紫外線を防ぐオゾン層の
破壊の原因になってしまう」

「太陽は使っても何も悪いことはないの？」

「発電のエネルギーとしては、太陽ほど安全なものはないよ。
考えなければならないのは、古くなって、
使えなくなったパネルの処分のことだね。
それに、お米をつくれなくなった時に、その人に代わってつくる仕組み、
みんなが助け合ってつくる仕組みを整える。
お米づくりを続けられる環境が大事なんだ」

農作業の相互補助の仕組み

「米と発電の二毛作」による発電の場合、農地法の規定で、パネルの下が農地でなければ発電を続けることができません。そのため、稲作をしている人が、いろいろな事情で農業を続けられなくなった時のために、近隣の農家が相互に助け合い、農作業が中断することのない仕組みや組織を整備する必要があります。

中村哲さんの平和

「イソップの『北風と太陽』の話を知っているだろう?」

「うん、旅人のコートを脱がせたのは、
冷たい北風じゃなくて、暖かい太陽だった」

「日本が太陽の役割を世界に果たせばいいと思うね。
日本が『田んぼの発電所』を成功させれば、それが見本となり、
他のお米をつくる国々でも、田んぼで電気をつくるようになる。

ペシャワール会の中村哲さんは太陽だね。
アフガンで30年にわたり、医療活動と井戸を掘る活動をされている。
清潔な水さえあれば、病気を防ぐことができる。
だから、次から次に井戸を掘り続けてこられた。
国土を荒廃《こうはい》させたのは戦争だけではなく、2000年夏以来の大かんばつが、
農地を急速に砂漠化させ、廃村による流民を生み、
食糧自給率を5年で半減させた。
『百の診療所より一本の用水路』を合い言葉に
具体的な行動の積み重ねで心に触れる信頼が生まれ、
中村さんたちは、住民と一緒に水路をつくった。

ペシャワール会と憲法9条

福岡県出身の医師で、「ペシャワール会」代表の中村哲さんは、アフガニスタンやパキスタンなどで医療活動に従事しながら、清潔な水を確保するための井戸を掘る活動を続けてきました。その数は1600基に及びます。

そして水路によって、豊かな大地を取り戻すことができた。

集団的自衛権が、北風のように、凍えた旅人の
コートを閉ざすことにならないよう願うよ。
エネルギーの奪い合いで戦争をしたりせずに、
お米をつくりながら田んぼで発電ができれば、
日本の農業を守ることもできる。
食料だって、輸入に頼っていたら、
外国で飢饉《ききん》が起きて、農作物が輸出されなくなれば
お金を出しても買えなくなる。

それに、身近な所で
つくっている人の顔が見える農作物の方が、
安心して食べられるからね」

「うん、三瀬のお米や野菜はおいしいもんね」

「食べ物は、安くてたくさんあれば良いってものじゃない。
体をつくるものなんだから、体に良いものを、安心して食べたいね」

さらに、農業用水と飲料水源を確保するため「マルリワード用水路」をつくり、農作物を生産するための灌漑施設を充実させ、飢餓から住民を救いました。

中村さんはその著書『天、共に在り』（NHK出版刊）の中で、『信頼』は一朝にして築かれるものではない。利害を超え、忍耐を重ね、裏切られても裏切り返さない誠実さこそが、人々の心に触れる。それは、武力以上に強固な安全を提供してくれ、人々を動かすことができる。私たちにとって、平和とは理念ではなく現実の力なのだ。私たちはいとも安易に戦争と平和を語りすぎる。武力行使によって守られるものとは何か、そして本当に守るべきものとは何か、静かに思いを致すべきかと思われる」と語っています。

平和とエネルギー

おじいちゃんは今まで、考えたことをまず図や文字にして、
それをもとに実例をつくり、皆に具体的に示してきました。
そして、その方法と結果を本にまとめ、わかりやすく説明してきました。

農家に収入が入り、後を継ぐ人ができ、子供を育てることができる
経済環境を整えることが大切です。
農業者の平均年齢が66歳の今、急がねばなりません。

ホルムズ海峡に機雷がまかれたことは、
すでに争いが起きていることを意味しています。
紛争が3カ月なのか、3年なのかは予測できません。
そこに日本の掃海艇が出て行って、機雷を除去しなくても済むような
環境をつくることが大切なのです。

エネルギーと平和は直接つながっていることを理解し、
国民自身が話し合って、
平和になる準備をすることがとても大事です。
「平和とは理念ではなく、現実の力」なのです。

ホルムズ海峡
ペルシア湾とオマーン湾を結ぶ海峡。北岸はイラン、南岸はアラビア半島。原油ルートの要衝。

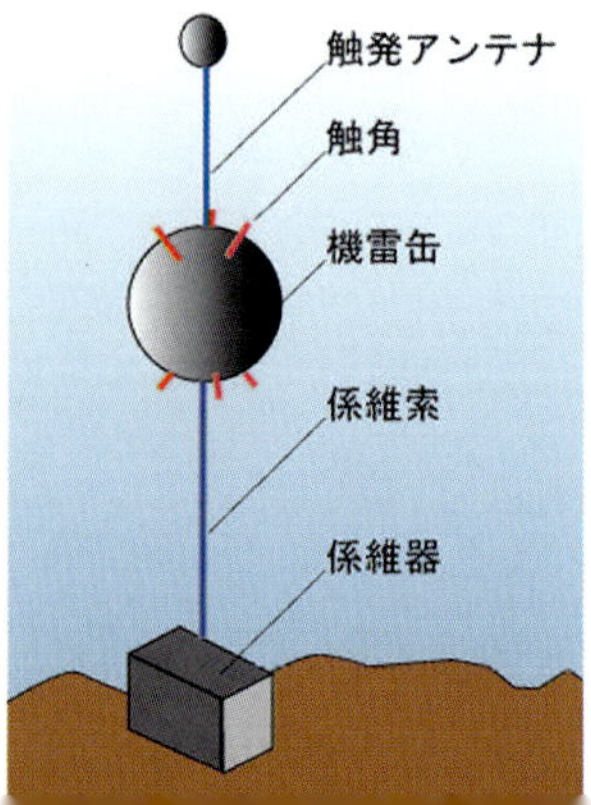

一般的な係維機雷の構造と仕組み

「お祖父ちゃんはみんなに、どんなことをして欲しいの？」

「佐賀の三瀬に、田んぼの上空で発電する設備ができたんだ。
たった1つの見本だけど、上空で発電をして、お米もちゃんとできることを
みんなに伝えることができるよ。

日本中で使う電気の20%をつくるには、とても広い面積が必要になる。
それだけの広さがあるのは水田だよ。
田んぼの上空を使うこと、農家にお米と電気をつくってもらうことが、
一番現実的でわかりやすい自然エネルギーのつくり方なんだ。

何よりも、水田が原発に代わるエネルギーになることを
農業を営む人も、そうでない人も、お母さんも、子供たちも、
おじいちゃん、おばあちゃんも、それぞれの立場で理解して、
この国の世論をつくっていってほしいんだ」

具体的な提案は、国民のために一番必要なことを考え、「平成の農地改革」を行い、
そして、代替エネルギーをつくり出すことです。
その路を水路のように、みんなの力でつくるのです。
そして、一人一人が平和な心を持ち、その心を広げていくことが大切です。

ハル君は小さく、しかし、しっかりとうなずきました。

あとがき――平成の農地改革

「米と発電の二毛作」は、田んぼの上空で発電をしようという提言です。そのためには、農地の利用について大きな改革が必要です。日本の農地は、明治と昭和に2回の大きな改革が行われました。今回の提言は、目的と規模の大きさにおいて、「平成の農地改革」とも言うべきものです。

長年、水田は農作物だけをつくる聖域でしたが、現在、日本が直面しているエネルギー問題への解決策として、原発に代わる大量の電気を発電するために、国内の水田の約30%の上空を発電所にするという提案です。

農家に田んぼの上空を利用して発電してもらいます。農業での収入に加えて、電気をつくりながら得る収入の目標金額を年1000万円とします。農業は、売電により収入が増え、生活が豊かになり、魅力的な産業に変わります。後継者が安心して農業を継ぎ、農村に定住すれば、必然的に人口が増えていきます。

「平成の農地改革」は農家への投資

発電の設備投資は1戸を対象とせず、国全体を見渡して投資します。

今、日本では、化石燃料の輸入量は減っていますが、支払う代金は2001年の8・5兆円から、2013年では27・4兆円に増加しています。貿易収支も、2013年では11・5兆円の赤字です。化石燃料の輸入額は、輸入総額86兆円のうち31%以上を占め、増加金額が貿易赤字の原因となっています。

この赤字は、私たちが考える以上に、日本の国力・経済力へダメージを与えます。対応を怠ると、国そのものの根幹を揺るがします。

その有効な対策が、「平成の農地改革」を行い、農家に電気をつくってもらうことです。

この赤字を生み出している化石燃料費を投資に当てます。自然エネルギーの増加に伴い赤字は減少していきます。電気に使っている化石燃料はおよそ10兆円分ですから、20%を田んぼでつくると約2兆円の減少となります。これに対し、自然エネルギーを電力会社に買い取ってもらうための電気代の上乗せ（国が負担）は1kWh当たり10円で、目標の1800億kWhでは1・8兆円となります。エネルギー収支は均衡します。

国は、1農家当たりに8000万円の投資を行います。投資先の農家の戸数は72万戸です。約50兆円と、国家予算の半分ほどの規模となります。この投資を10年に分けて行えば、年5兆円です。

投資したお金が戻ってくる建設国債を使うことで、赤字とならずに、お金の循環が良くなります。投資をして戻ってくるお金と、支払い続けるお金では、国の体力に及ぼす影響が違います。ゼロ成長の時こそ50兆円を超す投資が有効になります。

このまま化石燃料の輸入による貿易赤字が続けば、国債の評価が下がり、金利が上がります。1%でも金利が上がると、10兆円ほど支払い金利が上がります。また、その10兆円を借りなければ金利を支払うことができません。10年経つと、金利が重なり100兆円となり、現在の国債発行量1000兆円に上積みされます。そして、金融緩和で出し続けている赤字国債の発行と償還ができなくなります。

この結果、福祉に多大な影響を与えます。まず、年金の額が下がり、介護が十分できなくなります。

「平成の農地改革」は平和の手段

次に考えるべきことは、平和と国の安全です。日本に輸入される石油の多くはホルムズ海峡などの海路で運ばれてきます。一旦、紛争が起きれば、石油の輸入が困難になります。石油を巡って、日本が戦争に参加するような事態は避けなければなりません。

化石燃料から自然エネルギーへの転換を国内で行いましょう。それが、太陽光発電への投資の理由です。

世界的に見ると、今後も石油の消費量は上昇していきます。発展途上国の生活水準の向上に伴い、化石燃料の需要も増えることになります。その奪い合いが争いを引き起こします。記憶にも新しい第1次湾岸戦争は、石油の奪い合いから始まりました。現在の「ＩＳＩＳ」も油田の占領をしています。戦争となる原因を知り、平和を維持することが大切です。

最も危惧されるのは、エネルギーの最大消費国が、アメリカではなく中国であることです。今や「世界の工場」として経済発展がめざましい中国は、さらにアジアインフラ投資銀行をつくり、アジアで影響力を強めようとしています。中国が経済的に豊かになれば、必然的にエネルギーの消費量は増加します。そして、中国を含むＢＲＩＣＳ（ブラジル・ロシア・インド・中国・南アフリカ）の経済的発展に伴い、世界のエネルギー消費量は増大しています。

今後は化石燃料の需要が増えて、奪い合いから戦争になりかねません。新たに自然エネルギーの生産を大きくして、戦争の原因を取り除く必要があります。

そのための提案が、「平成の農地改革」です。

明治は武家から民政へ、昭和は戦争による体制の一変が起きています。平成の改革は、歴史的にそのような道を辿らないことが大事です。

明治維新の大きな原動力は、列強の植民地にならない、1840年の阿片戦争を見て、いち早く統一国家をつくり列強に追いつかなければならない、と意思統一されたことでした。

東北の津波と福島は、戦争による被害以上のことを日本にもたらしました。万一の場合の恐ろしさが国民に衝撃を与えました。福島ではまだ20万人を超える人々が、ふるさとに戻ることができません。

発電のための化石燃料を止め、自然エネルギーに代える国民的合意を得るために、佐賀市の三瀬で実物をつくりました。「米と発電の二毛作」の記念すべき誕生です。

最も日当たりが良く、太陽光発電に適している土地は水田です。そして水田は全国いたる所にあります。三瀬の設備は全国でたった1つの見本ですが、これからの自然エネルギーの方向と方法を伝えることができます。

仮に付けた名前が、「平成の農地改革」です。目標として、まず全発電量の20%を水田でつくり出します。これにより、日本のエネルギー変革が生まれます。

第2次世界大戦に学んだ日本やドイツが、今最も世界から必要とされる国にならなければなりません。

日本人が国全体という視野で物を見、物を考える論議をすべきです。化石燃料の強い副作用を知り、国民的合意を以て、自然エネルギーへの転換を図ることが必要です。

■輸入燃料費■ 10兆円		■全発電量■ 9,000億 kWh		■電気代■ 上乗せ分（国負担）	
20% （2兆円）	＝	20% （1,800億 kWh）	←→ 均衡	1 kWh 当たり10円 1,800億 kWh×10円 ＝約2兆円	田んぼ発電
＋		＋		＋	
8兆円		7,200億 kWh		現在の 個人の電気代	

「自然エネルギーは良いけれど、電気代が上がったら困る」という心配には……

電気代に1kWh当たり10円を上乗せして、10年で発電量の20%を達成します。上乗せ分は総額約2兆円となります。ただし、上乗せ分は個人ではなく国の負担とします。

年ごとにつくられる発電量が増え、その分、化石燃料を輸入するために支払う金額が減ることになり、10年後には2兆円の削減となります。

化石燃料の輸入で支払う金額と、電気代の上乗せ分の金額の均衡化が図れます。国民にとっては、エネルギー収支の均衡化が絶対的に有利となります。自然エネルギーが増えなければ、燃料費の支出による赤字が続くからです。

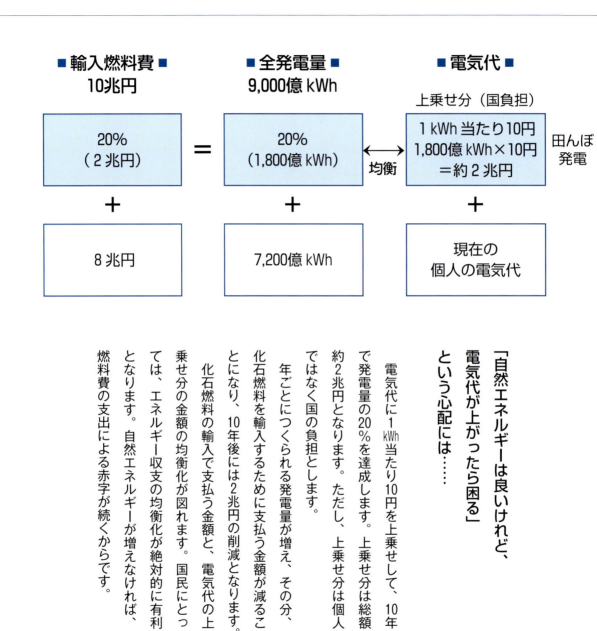

福永博建築研究所代表　福永　博（ふくなが・ひろし）
1945年、福岡市生まれ。福岡大学建築学科卒業。一級建築士。歴史や文化・伝統から学び、理解したものを継承しながら、社会や地域に必要なことが何かを考え、その上で、住む人、使う人の立場に立った「建築と街づくり」を実践している。「マンションの革命」ともいえる超長期耐久マンション「300年住宅」を提唱、実現不可能ともいわれたが、建物を実際につくり上げた。150項目を超す特許を取得している。生け花の師範でもある。

■受賞歴
「シャトレ赤坂・けやき通り」第１回福岡市都市景観賞
「北九州公営住宅　西大谷団地」第７回福岡県建築文化大賞（いえなみ部門）
「ガーデンヒルズ浄水Ⅰ・Ⅱ・Ⅲ」プライベートグリーン設計賞
「けやき通りの景観整備及び環境向上運動」第11回福岡市都市景観賞
「コンテナ浴室」新建築家技術者集団新建賞
「レンガの手摺り壁」一般社団法人発明協会発明奨励賞
「応急仮設住宅計画コンペ」奨励賞

■著書
『博多町づくり』（私家版）
『SCENE　建築家が撮ったヨーロッパ写真集』（私家版）
『バブルクリアプラン』（私家版）
『300年住宅　時と財のデザイン』（日経BP出版センター、1995年）
『300年住宅のつくり方』（建築資材研究社、2009年）
『風流暮らし　花と器』（海鳥社、2012年）
『米と発電の二毛作』（海鳥社、2014年）

［編集スタッフ］
草野寿康／福永晶子／井原堅一／吉岡俊子／梅根常三郎／田村理恵

株式会社福永博建築研究所
〒810－0042　福岡市中央区赤坂２丁目４番５号　シャトレけやき通り306号
電話　092(714)6301
ホームページ　http://www.fari.co.jp
E-mail　info@fari.co.jp

田《た》んぼの発電所《はつでんしょ》

2015年８月25日　第１刷発行
著　者　福永博建築研究所
発行者　西　俊明
発行所　有限会社海鳥社
〒812－0023　福岡市博多区奈良屋町13番４号
電話092(272)0120　FAX092(272)0121　http://www.kaichosha-f.co.jp
印刷・製本　モリモト印刷株式会社
ISBN978-4-87415-953-8　［定価は表紙カバーに表示］